人生總會遇上大大小小的困難，

只要我們多思考，總會想到辦法解決。

又或是換個角度去看事情，

又可以看到事情的另一面，繼而積極地面對。

責任編輯：梁潔瑩
裝幀設計：鄧佩儀
排　版：鄧佩儀
印　務：劉漢舉

 慕慕**繪本**系列

掃掃家居

文 / 葉淑婷　　圖 / 黃慧儀

出版｜中華教育
香港北角英皇道 499 號北角工業大廈 1 樓 B 室
電話：(852) 2137 2338　傳真：(852) 2713 8202
電子郵件：info@chunghwabook.com.hk
網址：http://www.chunghwabook.com.hk

發行｜香港聯合書刊物流有限公司
香港新界荃灣德士古道 220-248 號 荃灣工業中心 16 樓
電話：(852) 2150 2100　傳真：(852) 2407 3062
電子郵件：info@suplogistics.com.hk

印刷｜美雅印刷製本有限公司
香港觀塘榮業街 6 號海濱工業大廈 4 樓 A 室

版次｜2022 年 6 月第 1 版第 1 次印刷
©2022 中華教育

規格｜16 開（230mm x 250mm）

ISBN｜978-988-8807-40-6

掃掃家居

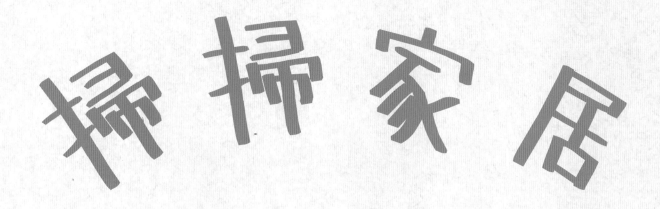

文/**葉淑婷**　圖/**黃慧儀**

中華教育

一天，媽媽生病了，她吩咐慕慕幫忙打理家務，使她可以安心休息。

慕慕當然馬上應承了媽媽，
於是媽媽微笑着返回房間休息。

慕慕則坐在沙發上發呆，
心想：這麼多家務，我一個人怎麼辦呢？
慕慕想了想，他終於想出辦法來了！
突然，慕慕像箭一般衝出門外。

慕慕走到郊外，他先請食蟻獸先生幫忙。
慕慕問：「食蟻獸先生，我的媽媽生病了，
你可不可以幫忙做家務？」
食蟻獸先生一口便應承了他。

接着，慕慕經過海邊，看到八爪魚先生。
慕慕問：「八爪魚先生，我的媽媽生病了，
你可不可以幫忙做家務？」
八爪魚先生馬上應承慕慕。

慕慕又行過草地，他看到蚯蚓家族正在鑽地。
慕慕問：「蚯蚓家族，我的媽媽生病了，你們
可不可以幫忙做家務？」
蚯蚓家族二話不說便隨慕慕返家去。

他們大夥兒 **浩浩蕩蕩** 地跟着慕慕回家去。

首先，食蟻獸先生把所有灰塵吸走，
連每個角落的螞蟻也吸走了，
吸得比平日還要乾淨。

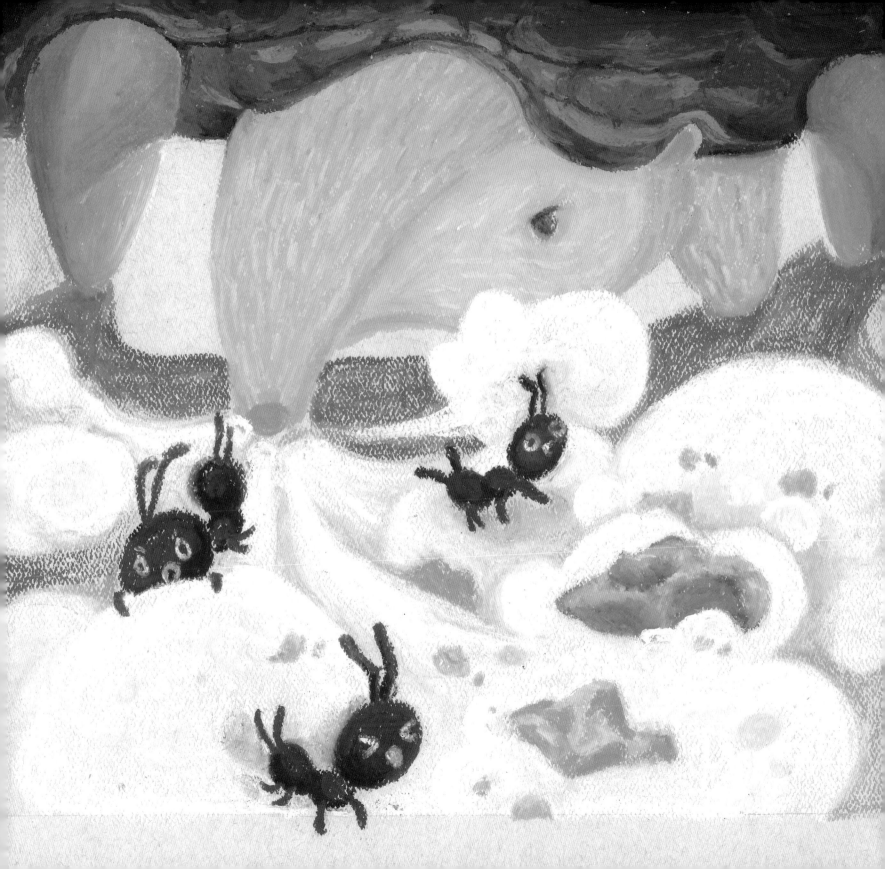

之後到八爪魚先生，
八爪魚先生邊吸水，邊抹地，
他快速地旋轉，
瞬間把地板抹得一乾二淨！

接着到蚯蚓家族，他們手持抹布，
快速地把電視、抽屜、衣櫃、鋼琴……
清潔得閃閃發光。

慕慕看着乾乾淨淨的家，十分滿意，
並向他們道謝，然後送他們離開。
正當慕慕滿心歡喜之際……

他突然想到洗衣機裏的衣服 **還未晾乾！**

他急起來，馬上打開窗子，
問太陽伯伯：「太陽伯伯，我的媽媽
生病了，你可不可以幫忙做家務？」

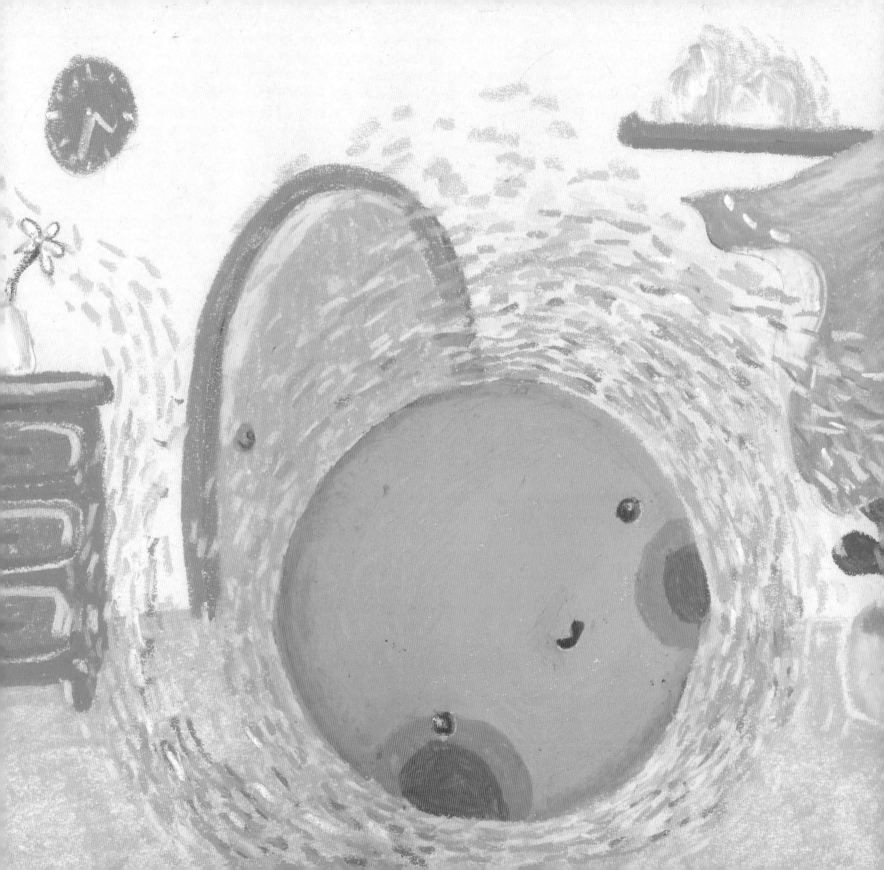

太陽伯伯馬上應承慕慕，並鑽進屋裏。

太陽伯伯，不好意思，需要你用就一下呢！

ㄨˋ、ㄐㄧㄡˇ、ㄅㄚ、ㄑㄧ ˋ

慕慕一手把太陽
伯伯放進洗衣機
內，蓋上蓋子。

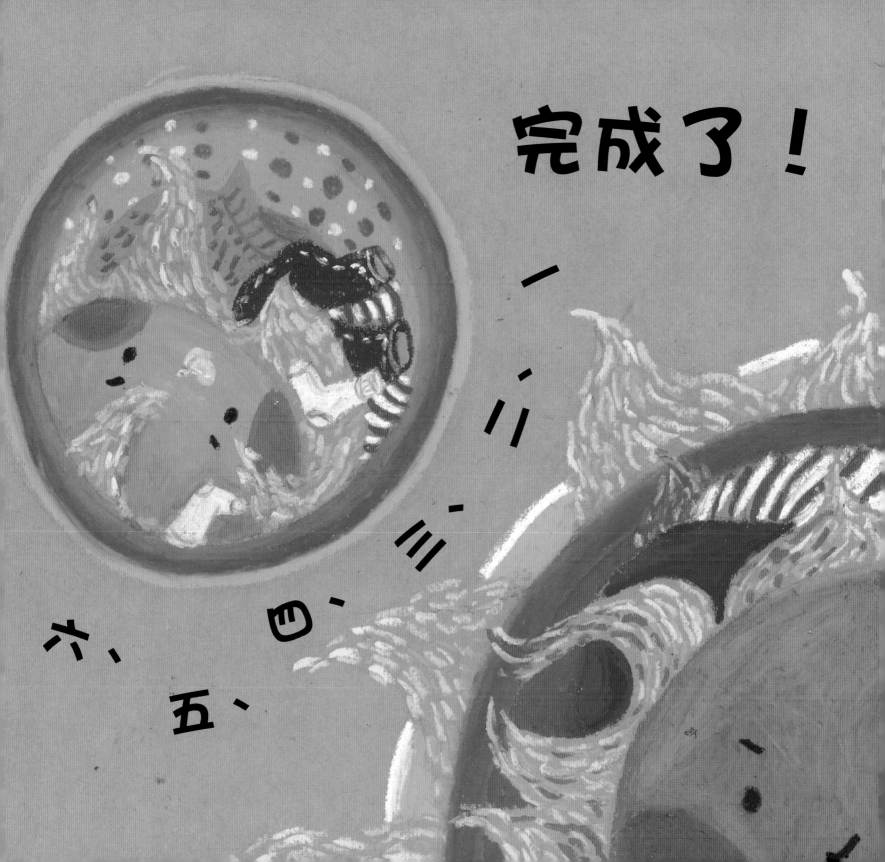

慕慕打開蓋子，太陽伯伯馬上 **跳** 出來。
洗衣機內的衣服全乾了，比媽媽平日洗的更乾淨。

慕慕非常高興，他向太陽伯伯道謝，
並送太陽伯伯離開。

天晚了，媽媽睡醒了。

媽媽踏出房間看到飯廳、客廳和廚房都抹得一乾二淨，令她非常欣慰，還稱讚慕慕是個好孩子。

各位小朋友：慕慕需要你們的幫忙，請你也一起邀請小動物
來幫手打掃，把你的想法繪畫出來吧！

作者　葉淑婷

現為小學校長，最愛與學生和兒子談天說地，更愛與他們說故事、看書，一起走進瘋狂幻想的世界和創作故事。葉校長亦喜愛繪畫及撰寫圖畫書，其作品《摸摸天空》獲得香港圖畫書創作獎佳作第二名。

葉淑婷校長從事教育工作多年，曾創辦學校，擔任學校顧問及編寫教材等工作；亦獲頒卓越教育行政人員 —— 優異教育行政人員獎。葉校長獲教育碩士（行政及管理）、基督教研究碩士、中國語文及文學碩士、美術及設計教育（榮譽）學士。